LIVRET

ou

GUIDE

A L'USAGE DES VOYAGEURS

DE

BAYONNE EN ESPAGNE.

SE TROUVE A BAYONNE

A L'HÔTEL SAINT-ÉTIENNE

CHEZ THÉODORE DÉTROYAT

Place d'Armes, 28

en face le Théâtre, de l'Hôtel-de-Ville, de la Douane,
de la Citadelle et des Allées Marines.

1841

LIVRET

ou

IDE A L'USAGE DES VOYAGEURS

DE

BAYONNE EN ESPAGNE.

———•———

SE TROUVE A BAYONNE,

A L'HÔTEL SAINT-ETIENNE

CHEZ THÉODORE DÉTROYAT,

PLACE D'ARMES, 28.

En face du Théâtre, de l'Hôtel-de-Ville, de la Douane,
de la Citadelle et des Allées Marines.

1841

Messieurs les courriers de cabinet de tous pays qui ont en général l'habitude de descendre dans cet hôtel, ainsi que les autres voyageurs, trouveront dans cet établissement tous les renseignements nécessaires pour voyager en France, en Espagne et en Portugal.

Voitures de ville et de voyage.

LIVRET

ou

GUIDE A L'USAGE DES VOYAGEURS

DE

BAYONNE EN ESPAGNE.

AVIS IMPORTANT.

Le voyageur qui se rend en Espagne doit faire viser son passeport à Bayonne, chez M. le Sous-Préfet et chez M. le consul d'Espagne. Pour avoir des chevaux, il devra le présenter au maître de poste.

Il faut, avant de partir, faire plomber ses effets à la douane.

L'argent et l'or français perdent en Espagne cinq pour cent. On trouve un bureau de change dans l'hôtel.

Il part presque tous les jours de Bayonne pour l'Espagne des diligences et une malleposte bien desservies et sur le modèle des diligences françaises.

INSTRUCTIONS POUR VOYAGER EN POSTE.

ARTICLE 1. Tous les voyageurs paieront pour les voitures appartenant aux relais de poste 7 réaux vellhon 2 fr.) par lieue. (Les lieues d'Espagne sont de dix-sept et demie au degré).

2. Le prix de la course est fixée à 7 réaux vellon par

lieue et par cheval lorsque l'on voyage à franc étrier, et à 6 réaux lorsque l'on voyage en voiture.

Depuis longtemps les voyageurs sont dans l'usage de payer les guides à raison de 6 réaux vellon par lieue. (L'ordonnance accorde aux postillons 6 réaux pour la course). L'administration ne peut que louer cette augmentation; et en indiquant le prix déterminé par le réglement, elle se propose seulement d'assurer aux voyageurs la faculté de restreindre les guides à leur fixation, quand ils auront à se plaindre des postillons.

3. Les voitures à quatre roues et à limonière chargées d'une, deux ou trois personnes, et 100 livres de poids de bagages, seront attelées de trois chevaux et conduites par un postillon.

Les cabriolets à soufflet chargés d'une ou deux personnes, paieront deux chevaux; s'ils sont chargés d'une vache ou d'une malle extérieurement et dont le poids excède 100 livres, ils en paieront trois.

Les voitures à quatre roues et à timon avec une seule personne, paieront deux chevaux.

Les limonières ou berlines à timon, chargées de deux, trois ou quatre personnes et 100 livres de poids, seront attelées de quatre chevaux et conduites par deux postillons.

Une voiture à quatre roues, chargée de cinq ou six personnes, sera attelée de six chevaux et conduite par deux postillons. Il sera payé un cheval de plus par personne excédant le nombre de six, sans que pour cela le maître de poste soit obligé d'en atteler plus de six.

Un enfant âgé de moins de sept ans ne compte pas dans le prix de la course.

Deux enfants de sept ans ou moins âgés compteront pour une personne.

Un enfant de sept ans comptera pour une personne.

Les voitures à quatre roues chargées de quatre personnes et plus, doivent être attelées à timon.

Si, dans quelque relais, le maître de poste juge à propos, pour ménager ses chevaux, d'en atteler quelqu'un de plus, il ne doit exiger que le nombre fixé par le tarif ci-dessus.

4. La course d'une lieue doit se faire en trois quarts d'heure, et les postillons ne doivent pas échanger leurs chevaux quand ils se rencontrent, sans en avoir obtenu le consentement respectif des voyageurs.

Lorsque tous les chevaux d'une poste sont en course, les voyageurs doivent attendre que les chevaux soient de retour et rafraîchis; mais si le manque de chevaux provient de ce qu'un relais n'est pas suffisamment monté, alors les postillons seront tenus de passer avec leurs chevaux, après toutefois les avoir fait rafraîchir.

6. Les droits de bac, d'entretien de routes, de ponts ou barrières, sont à la charge des voyageurs.

7. Les courriers de cabinet ont la préférence sur les autres voyageurs dans les relais et ne peuvent éprouver de retard dans leur route.

8. Les bureaux de licence pour courir la poste sont établis, à Madrid, à la direction générale, et dans les villes des provinces, chez les administrateurs des postes, qui ne doivent en délivrer qu'à des personnes de toute confiance, et sur l'exhibition des passeports visés par les autorités. Chaque licence se paye 40 réaux vellon par personne : les domestiques sur les sièges n'en paient pas

9. Les maîtres de poste ne pourront donner de chevaux sans l'exhibition de la licence.

10. A la sortie de Madrid ou des sites royaux, la poste se paie double.

Calcul proportionnel de ce qui doit être payé aux maîtres de poste par les voyageurs, en réaux de vellon.

DISTANCE.	NOMBRE DES CHEVAUX ET LEUR PRIX.							
	2.	3.	4.	5.	6.	7.	8.	9.
1 lieue.	12	18	24	30	36	42	48	54
1 ½	18	24	30	36	42	48	54	60
2 »	24	30	36	42	48	54	60	66
2 ½	30	36	42	48	54	60	66	72
3	36	42	48	54	60	66	72	78
3 ½	42	48	54	60	66	72	78	84
4	48	54	60	66	72	78	84	90

N° 1. Route de Bayonne à Madrid, par Burgos, Aranda et Somosierra.

Relais.		lieues.
De Bayonne à Bidart	1 myr. 1 kil.	
Saint-Jean-de-Luz	1 »	
Urrugne	1 »	
Yrun (1) (Espagne)		2
Oyarsun		2 ½
Astigarraga		2 ½
Andoain		2
Tolosa		2
Villafranca		3
Villaréal (2)		3
Vergara		2 ½
Mondragon		2
Salinas (3)		2 ½
Royave		2
Vitoria (4)		2
Puebla		3
Miranda		3
Ameyugo (5)		2 ½
Cubo		3
Briviesca		3
Castel de Peones		2
Quintanapalla		3
Burgos (6)		3
Saraci		2
Madrigalejos		3
Lerma		2 ½
Bahabon		3
Gumiel		2
Aranda		2 ½
Onrubia		3 ½
Fresnillo		2 ½
Castillejo		2
Somosierra (7)		3
Buitrago		3
Losoyuela (8)		1 ½
Cabanillas		2 ½

San Agustin	3
Alcobindas	3 ½
Madrid (9)	3
Total	98 ½

Observations locales.

(1) A BÉHOBIE, entre Urrugne et Yrun, coule la Bidassoa qui sépare la France et l'Espagne, et sur laquelle les Français ont construit, en 1823, un pont qui a été nommé pont d'Angoulême. Avant de la traverser, il faut faire viser son passeport par le délégué de la sous-préfecture. C'est à l'île des Faisans, sur la Bidassoa, que se célébra le mariage de Louis XIV avec l'infante Marie-Thérèse d'Espagne.

A YRUN, le voyageur en poste doit se munir, chez l'administrateur, d'une licence pour avoir des chevaux. La distance d'Yrun à Urrugne est de deux lieues et demie.

(2) Entre Villaréal et Vergara se trouve la montagne de Ansuela, dite la Descarga.

(3) SALINAS est un petit bourg de la province de Guipuscoa, situé au bas d'une montagne très élevée; pour la gravir on fait atteler des bœufs devant les chevaux et on les paie 4 ou 6 Rx. Von.

(4) VITORIA. Ville fort jolie et capitale de la province d'Alava. Il s'y fait un commerce considérable. Elle a de belles places, des promenades délicieuses et une jolie salle de spectacle, de bons hôtels et de bons vins. C'est à Vitoria que l'on fait viser les passeports et que l'on fait expédier ses effets à la douane.

(5) AMEYUGO, petit bourg. Entre Ameyugo et Cubo se trouve la gorge de Pancorbo, dont les immenses rochers

s'élèvent perpendiculairement sur la route et ne laissent que le juste espace pour le passage des voitures.

(6) BURGOS, capitale de la vieille Castille, ancienne résidence des rois d'Ibérie, appuyée sur le revers de la montagne et environnée de collines. Ses murs sont baignés par la rivière d'Arlanzon. Burgos a de beaux édifices publics, parmi lesquels on remarque la cathédrale, d'une architecture imposante; on y voit la tombe de l'ancienne famille royale des Lara. La statue en bronze de Charles III et les monuments érigés à la mémoire des deux illustres castillans Ferdinand Gonzalès et le Cid, méritent d'être vus. Il se fait à Burgos un commerce considérable en laines, en fruits et en vins.

(7) SOMOSIERRA, forte montagne, souvent couverte de neige.

(8) LOSOYUELA, village de la province de Guadalajara. Pour arriver à Cabanillas on traverse un pays triste et désert. Des terres incultes, arides et sans aucune espèce de productions végétales, des masses de pierres amoncelées, sont les seuls objets qui se présentent aux regards des voyageurs.

(9) MADRID, capitale de la nouvelle Castille sur le Manzanares. Grande, belle, riche, cette ville semble bâtie par enchantement au milieu d'un désert; population : 150,000 habitants. *Curiosités :* Le superbe palais du roi, où l'on admire des tableaux des premiers maîtres. C'est un des plus beaux palais qui existent; plusieurs églises, couvents et hôpitaux; de belles prisons d'état, la douane, la direction des postes, sur la place du Sol; de beaux palais de plusieurs grands d'Espagne; la porte du Sol, lieu de réunion des oisifs de Madrid et où viennent aboutir plusieurs rues, parmi lesquelles on remarque celle d'Alcala, à l'extrémité de laquelle est une belle porte bâtie par Charles III; le Prado, promenade publique,

d'où l'on jouit de plusieurs points de vue superbes ; le musée, le cabinet d'histoire naturelle. Le Buen Retiro, lieu royal de plaisance, est un séjour délicieux qu'il faut voir. On y remarque une belle pièce d'eau, un kiosque pour la reine, et l'admirable statue équestre de Philippe IV. Le cirque de la course aux taureaux est curieux à voir.

N° 2. Route de Bayonne a Madrid, par Burgos et Valladolid.

	lieues.
De Bayonne à Burgos (*voy.* le n° 1)	55
Celada	4
Villa Rodrigo	4
Quintana del Puente	2
Magaz	4
Venta de Triguéros	4
Valladolid (1)	4
Valdestillas	4
Olmedo	4
Belleguillo	2
Navas de Coca	2
Santa-Maria de la nieve	2
Garcillano	3
Segovia (2)	2
Otero de Herreros	3
Fonda San-Rafael	2
Guadarrama	2 ½
Galapagar	3
Puente de Retemar	2
Abulagas	2
Madrid	2
Total	113

(1) Valladolid, grande ville, mais presque sans population, ancienne résidence des rois d'Espagne, dont

on voit encore le palais; l'université a une belle façade moderne; la chancellerie royale est un grand édifice; la grande place, nommée El Campo grande, est entourée de quinze églises, plusieurs milliers d'hérétiques ont été livrés aux flammes sur cette place.

(2) SÉGOVIA, ville digne de l'attention du voyageur et sur l'Eresma, qui coule au N. N. O. Elle renferme trois beaux monuments d'architecture, la cathédrale, l'aquéduc et l'Alcazar habité par les élèves du corps royal d'artillerie, et autrefois résidence des rois goths. Les laines de Ségovie sont les plus renommées de l'Espagne; il s'en fait un commerce considérable.

DE MADRID AUX SITES ROYAUX.

N° 3. A Saint-Ildefonse (la Granja).

	lieues.
De Madrid à Abulagas	2
Puente de Retamar	2
Galapagar	2 ½
Guadarrama	3
Venta de Santa-Catalina	2
Fonfria	2
San-Ildefonso (1)	2
Total	16

N° 4. Aranjuez.

	lieues.
De Madrid à los Angeles	2 ½
Espartinas	3
Aranjuez (2)	2 ½
Total	8

N° 5. A l'Escorial (*San-Lorenzo*).

	lieuet.
De Madrid à Abulagas.	2
Puente de Retamar.	2
Galapagar.	2 ½
L'Escorial (3).	2
Total	8 ½

N° 6. De Madrid au Pardo, 2 lieues (4).

(1) San Ildefonso. Célèbre par son palais, ses jardins et surtout par ses eaux, les plus belles du monde. Il y a dans les jardins quelques points d'où l'on peut jouir d'une vue superbe : 1° le plateau qui fait face à l'appartement du roi ; 2° le grand réservoir ou la mare ; 3° le milieu de l'allée qui occupe la partie supérieure. C'est à San Ildefonso que se trouve la belle manufacture royale de glaces de la plus grande beauté.

(2) Aranjuez. Jolie ville dont les jardins sont traversés et embellis par le Tage ; ils sont parés de tout ce que le règne végétal offre de plus beau. On y trouve de longues allées de saules pleureurs et de catalpas, des eaux, des sites et des vues charmantes. Le palais est d'une élégante architecture. La route de Madrid à Aranjuez es une belle avenue d'ormes.

(2) L'Escorial. Beau palais, tableaux, ornements, vases, statues et colonnes d'une grande richesse. On remarque la sépulture des rois dans une chapelle souterraine toute en mosaïque. Il y a 26 caissons de bronze dont quelques uns sont vides et prêts à recevoir leur dépôt. L'église est superbe ; Philippe II mourut devant le maître autel, l'endroit où il expira est entouré d'une balustrade, il est défendu d'en approcher. La bibliothèque renferme des manuscrits précieux ; les livres sont

placés en sens inverse, le dos en dedans. L'eau de l'Escorial passe pour être excellente. En quittant Madrid, on suit les bords du Manzanares. On traverse une partie de la forêt du Pardo.

(4) LE PARDO. C'est dans ses bosquets que Philippe IV trouva la belle duchesse d'Albuquerque, sa maîtresse, dans les bras du duc de Médina de la Torres; on y montre le berceau où, sans un page, il les eût poignardés tous les deux.

N° 7. DE BAYONNE A PAMPELUNE.

	lieues.
De Bayonne à Tolosa (*voy.* n° 1)	15 ½
Arriva	2 ½
Lecumberri (1)	2 ½
Yrursun	2 ½
Pampelune (2)	3
TOTAL	26

(1) LECUMBERRI. Grande montagne.

(2) PAMPELUNE. Une des places les plus fortes de l'Espagne. Les anciens rois y résidaient. C'est maintenant le séjour du vice-roi de Navarre et du conseil. Population: 15,000 habitants. Jolies promenades et bonnes fontaines. Pampelune est la capitale de la Navarre.

N° 8. DE BAYONNE A BILBAO.

	lieues.
De Bayonne à Vergara (*voy.* n° 1)	24
De Vergara à Bilbao (1)	12
TOTAL	36

La route de Vergara à Bilbao n'étant pas montée, on compose avec le maître de poste de Vergara.

(1) BILBAO. Belle ville, grande, riche, port de mer où il se fait un commerce considérable avec la France et l'An-

gleterre; lieu principal de la seigneurie de Biscaye. Les édifices y sont construits avec goût; la promenade y est fort agréable; les rues sont d'une propreté remarquable; le climat est sain; on y vit à bon marché.

N° 9. DE BAYONNE A SAINT-SÉBASTIEN.

	lieues.
De Bayonne à Astigarraga (*voy.* n° 1)	11 ½
A Saint-Sébastien (1)	2 ½
TOTAL	14

(1) SAINT-SÉBASTIEN. Petite ville assez importante, bien bâtie, assise au pied d'une hauteur sur laquelle se trouve le château ou citadelle qui défend la ville; petit port de mer bien fortifié; un superbe phare. Il s'y fait, comme à Bilbao, beaucoup de commerce avec la France et l'Angleterre.

N° 10 DE BAYONNE A SARAGOSSE.

	lieues.
De Bayonne à Pampelune (*voy.* n° 7)	26
Otriz	3 ½
Rafalla	2
Marcilla	4 ½
Valtierra	3
Tudela (1)	3 ½
Mallen	4 ½
Luceni	3
Alagon	2 ½
Saragosse (2)	4
TOTAL	56 ½

(1) TUDELA. Ville très commerçante et renommée par ses laines; on y fabrique des draps bruns très bons.

(2) SARAGOSSE. Capitale du royaume d'Aragon, grande ville, bien bâtie; elle a deux ponts sur l'Ebre. Le Coso est une rue très large, bordée de maisons magni-

fiques. La promenade dite du Montetorreraro est délicieuse. On admire les deux églises de la Seu et de Notre-Dame-del-Pilar, l'ancien palais des rois d'Aragon, le célèbre chateau-fort et l'Hôtel-de-Ville.

Les vins des environs de Saragosse sont très renommés; la chère est bonne et à bas prix. Population : 50,000 ames.

N° 11. DE BAYONNE A LA COROGNE ET AU FERROL.

	lieues.
De Bayonne à Burgos (*voy.* n° 1)	55
De Burgos à Valladolid (*voy.* n° 2)	22
Valdestillas	4
Medina del Campo	4
Tordesillas	4
Vega de Val de Moro	2
Villar de Frades	3
Villalpando	4
San Esteban	2
Benavente (1)	2
Posuelo del paramo	3
Baneza	3
Astorga (2)	4
Manzanal	3
Bembibre	2 ½
Cubillos	2
Villafranca del Vierzo	3 ½
Ruitelan	4
Castelo	3
Cerezal	3
Sobrado	3
Lugo	3
Valdomar	3
Guiteriz	3
Montesalgueiro	2 ½
Betanzos	2 ½
La Corogne (3)	4
	155
Au Ferrol par mer (4)	2
TOTAL	157

De la Corogne a Madrid.

	lieues.
A Medina del Campo (voy. n° 11)	69
Ataquines	3
Aréval	3
Adanero	3
Labajos	2
Villacastin	2
San-Rafael	3 ½
Guadarrama	2 ½
Galapagar	3
Las Rozas	3 ½
Madrid	3
Total	97 ½

(1) Benavente, chef-lieu de comté.

(2) Astorga. C'est dans ce pays que l'on trouve les plus fidèles conducteurs de l'Espagne. Les habitants sont désignés sous le nom de Maragatos.

(3) La Corogne, capitale de la Galice, un des plus beaux ports de l'Océan, défendu par le château San Antonio. La ville est une baie large d'une lieue qui forme le port, représentant un croissant défendu par deux forts bâtis aux extrémités. Il y a des fabriques de toiles renommées. Pop. 26,000 ames.

(4) Le Ferrol, ville forte, bon port de mer; constructions navales, arsenal, fabriques de toiles à voiles. L'entrée du port est très étroite, les chantiers de construction sont abondamment pourvus et des plus beaux de l'Espagne.

N° 12. De Madrid a Cadix.

	lieues.
De Madrid à los Angeles	2 ½
Espartinas	3
Aranjuez	2 ½
Ocana (1)	2
La Guardia	3 ½

Tembleque	2
Canada de la higuera	2
Madridejos	2
Puerta Lapiche	3
Villarta	2
Venta de Queseda (2)	2 ½
Manzanares	2 ½
Nuesta Santa de Consolacion	2
Valdepenas (3)	2
Santa-Cruz de Mudela (4)	2
Almoradiel	2 ½
Venta de Cardenas	2
Santa-Elena	2
La Caroline	2
Guarroman	2
Bailon	2
Casa del Rey	2
Andujar (5)	2 ½
Santa Cecilia	2 ½
Aldea del rio	2 ½
Carpio	3 ½
Casablanca	2 ½
Cordova (6)	2 ½
Mangonegro	3
La Carlota	3
Ecija	4
La Lusiana	3
La Portugaise	4
Carmona	2 ½
Mairèna	2
Alcala de Guadaire (7)	2
Utrera	3
Las Torres de Alocaz	3 ½
Casa del cuervo	3 ½
Jerez de la frontera (8)	3 ½
Puerto Santa-Maria, (9)	2 ½
Ysla de Leon (10)	3
Cadix (11)	3
Total	111 ½

(1) OCAÑA. Des moulins à vent à l'entrée de la province de la Manche rappellent à l'imagination du voyageur les

prouesses du héros de Cervantes ; il n'y a pas de laboureur, pas de jeunes filles, qui ne connaissent très bien don Quichotte et Sancho. Les habitants et les mœurs sont les mêmes que décrit Cervantes.

(2) Venta de Quesada. On y voit le puits qui porte le nom de don Quichotte ; c'est là qu'il fit sa veillée d'armes.

(3) Valdepeñas. Renommé par ses vins et son safran.

(4) Santa-Cruz. C'est le premier des nouveaux villages de la Sierra Morena. Des familles allemandes, dont le teint forme un contraste remarquable avec la couleur basanée des Espagnols, sont venues peupler la Sierra Morena. Cette colonie commence à s'évanouir.

(5) Andujar, ville du royaume de Jean, dont les environs abondent en vins, en blé, en cire, en huile et en pacages excellents ; on trouve dans ses environs l'argile blanche appelée barro que l'on mêle avec du sel pour en faire une poterie mince dans laquelle l'eau se conserve fraîche au milieu des plus fortes chaleurs, si l'on tient le vase à l'ombre.

(6) Cordova, ville grande, dans le genre mauresque. La cathédrale, bâtie en 786 par les Maures, porte le nom de mosquée, elle a 530 pieds de long et 420 de large ; les colonnes ont été tirées des ruines d'un ancien temple d'Auguste. Il faut visiter les écuries royales des chevaux andalous, qui sont dans l'ancien palais des rois maures. L'exportation des chevaux entiers est défendue sous peine de mort.

(7) D'Alcala de Guadaire, on peut se rendre à Séville, qui n'en est éloignée que de deux lieues. *Quien no ha visto Sevilla, no ha visto maravilla* : Qui n'a pas vu Séville, n'a pas vu de merveille. Tel est le proverbe andalou que ne dément pas cette belle capitale. C'est la seconde ville d'Espagne. Edifices superbes, notamment

les palais royaux, la bourse ou lonja, l'hôtel de la monnaie, la grande fabrique de tabac, la chartruge, la promenade de l'Alameda, la fonderie. L'alcazar est l'ancienne résidence des rois maures, séjour vraiment délicieux. La cathédrale ; la giralda, ou clocher, est un chef-d'œuvre d'architecture mauresque et une des choses les plus remarquables de l'Epagne, sa hauteur est de 250 pieds ; la rampe est construite de manière que deux personnes à cheval peuvent facilement monter jusqu'au sommet. Devant le chœur de l'église est le tombeau de Christophe Colomb. Séville renferme dans ses monuments beaucoup de souvenirs des Maures.

(8) JEREZ, dont les vins jouissent d'une réputation méritée et dont la plus grande partie s'expédie en France et en Angleterre.

(9) On commence à apercevoir la baie de Cadix du haut d'un côteau qui est à moitié chemin de Jerez.

(10) L'île de LÉON est une ville des plus considérables d'Espagne; les gardes marine y ont une académie et un observatoire astronomique.

(11). CADIX, belle ville d'Andalousie, port de mer, centre des relations commerciales d'Espagne avec les colonies d'outre mer. Etablissement superbe de marine militaire. Pop. 70,000 ames.

La vue de Cadix surpasse tout ce qu'on peut dire d'une situation agréable ; les maisons, presque toutes surmontées d'un belvédère appuyé sur une terrasse ornée de vases de fleurs, la mer s'étendant dans un immense horizon, offrent un coup d'œil ravissant. Elle a des remparts fort beaux et fort larges qui servent de promenades ; on voit encore les ruines des prétendues colonnes d'Hercule, qui, d'après les apparences, servirent de moulins à vent.

Les édifices les plus remarquables sont : la douane neuve, la salle de spectacle, le magasin des grains, l'hôpital des troupes de terre et de mer, l'école de marine, les deux cathédrales, la plaza del mar, la muralla, l'observatoire royal, etc.

Le commerce est extrêmement actif dans ce port.

L'eau ordinaire de Cadix est détestable; chaque maison est pourvue d'une citerne. On peut à très bas prix se procurer dans la ville les vins de liqueur les plus renommés de l'Espagne.

N° 13. DE MADRID A BARCELONNE, PAR SARAGOSSE.

	lieues.
De Madrid à Torrejon	4
Venta de Meco	3 ½
Guadalajara	3 ½
Torija	3
Grajanejos	3
Almadrones	2 ½
Torremocha	3
Bujarrabal	2 ½
Lodares	2 ½
Los arcos	2 ½
Monreal de Ariza	3
Cetina	2
Bubierca	3
Ateca	2
Calatayund	2
Frasno	3
Almunia	3
Venta de Romera	3
La Muela	2
Garrapinillos	2
Saragosse (1)	2
La puebla de Alfinden	3
Osera	3
Venta Santa-Lucia	3
Bujalaros	3
Candasnos	3
Venta de Buars	2
Fraga	2
Alcarraz	3
Lerida	2

Belloch	2 ½
Golmes	2 ½
Villagrasa	2 ½
Cervera	2 ½
Panadella	2 ½
Gancho	2 ½
Ygualada	2
Castel-Oli	2 ½
Collbato	2 ½
Martorel	3
San-Felice	3
Barcelonne (2)	2
Total	110

(1 Voyez la route n° 10.

(2) BARCELONNE. Capitale de la Catalogne, port de mer, une des plus fortes places de l'Espagne, défendue à l'est par une bonne citadelle, et au sud-ouest par le château inexpugnable de Monjui. On compte plusieurs fabriques d'indiennes, de rubans, dentelles, blondes, fils, tissus de soie et coton, fusils, lames d'épées, rasoirs et ouvrages d'acier. Il s'y fait un grand commerce maritime. Les rues y sont d'une propreté remarquable et bien pavées; la promenade autour de la ville, le Pasco nuevo et la Rambla sont très fréquentés; la douane, la Bourse, l'Hospice et l'Hôpital général, l'Amphithéâtre, le Musée, les Académies, la Fonderie, sont les édifices publics les plus curieux. Il faut visiter Monjui dont la route est délicieuse; la vue domine la mer, le port et la ville. Barcelonnette a 14,000 habitants.

N° 14. DE BARCELONNE A LA JUNQUERA.

	lieues.
De Barcelonne à Moncada	2
Montmalo	2
Llinas	2
San-Seloni	3
Hostalrich	2 ½
Mallorquinas	2

Gerona.	4
Bascara.	4
Figueras	3
La Junquera.	3
TOTAL	27 ½

N° 15. DE MADRID A GRENADE.

	lieues.
De Madrid à Hudujar (*voy.* n° 12)	52 ½
Jaen (1)	5
Cambil.	3
Alcala la real (2)	3
Finos puente	4
Grenade (3)	4
TOTAL	71 ½

(1) JAEN. Ville capitale du royaume de Jaen, située entre deux montagnes escarpées; campagnes fertiles e riantes; manufactures de soie et de toiles.

(2) ALCALA. La plus riche abbaye d'Espagne.

(3) GRENADE. Ville capitale de royaume de Grenade, grande et belle, remplie de bâtiments magnifiques construits par les Maures; on distingue parmi eux l'Alhambra. C'est dans la Cour des Lions que les Zégris massacrèrent les Abencerrages. Un des beaux belvédères de cet ancien palais des rois maures est appelé la Toilette de la Reine; c'est un cabinet délicieux où se tenait la sultane et où elle s'embaumait de parfums; la vue et l'exposition en sont admirables. Grenade est située au pied d'une haute montagne dite Sierra Nevada, toujours couverte de neige. Un palais maure, le généralife, mérite d'être vu. La population est portée à 80,000 ames.

N° 16. DE MADRID A VALENCIA.

	lieues.
De Madrid à Vacia-Madrid	3
Perales de Tajuna.	3

Fuentiduena.	3
Tarancon.	3
Saelises.	3
Montalbo.	2
Villar de Saz.	2
Olivarez.	3
Valverde.	2
Olmedilla.	2
Motilla.	3
Castillejo de Iniesta.	2
Minglanilla.	2
Villagordo.	3
Caudete.	2
Requena	3
Siete aguas.	3
Bunol.	2
Poyos.	4
Valencia.(1).	3
Total	54 ½

(1) VALENCIA. Capitale du royaume de ce nom, située sur la rive droite du Guadalaviar, au milieu d'une immense forêt de mûriers, un des ports les plus riches de la Méditerranée. Elle renferme de magnifiques édifices publics, cinq beaux ponts, des universités, un hôpital, bourse de commerce, manufactures de soies renommées, fabriques de tissus. On y trouve des quantités considérables d'oranges, citrons, cédrats, grenades, raisins superbes et exquis, et toutes sortes de beaux et bons légumes. Population : 150,000 âmes.

N° 17. DE MADRID A SANTIAGO DE GALICIA.

	lieues.
De Madrid à Las Rosas.	3
Galapagar.	3 ½
Guadarrama.	3
Fonda de San-Rafael.	2 ½
Villacastin.	3 ½
Labajos.	2
Adanero.	2

Arevalo	3
Ataquines	3
Medina del campo	3
Rueda	2
Tordesillas	2
Valdetronco	2
Villardefrades	3
Villalpando	4
San-Esteban	2
Benavente	2
Sitrama de Tera	3
Vega de Tera	3
Mombucy	3
Remesal	3
Requejo	3
Lubian	3
Canizo	4
Navallo	3
Verin	3
Abavides	4
Allariz	3
Orense	3
Pinor	4
Gesta	3
Castrovite	4
Santiago (1)	4
Total	98 ½

(1) SANTIAGO, capitale de la Galice, située au milieu d montagnes et de champs stériles. L'église cathédrale es magnifique et très riche ; un grand nombre de pèlerins viennent y adorer le corps révéré de St-Jacques. L'hôpital est riche, bien servi ; l'hospice est remarquable. Manufactures de rubans de fil, dentelles et toiles. Population 25,000 âmes.

N° 18. DE MADRID À CARTAGENA.

	lieues
De Madrid à Vaciamadrid	3
Perales de Tajuna	3
Fuentiduena	3 ½

Tarancon	3
Torrubia	2 ½
Ontanaya	4
Belmonte	4
La Alqueria	2 ½
San-Clemente	2
Minaya	3
La roda	3
Gineta	3
Albacete	2 ½
Pozo de la pena	3
Venta nueva	3
Robarra	3
Vinatea	2 ½
La Mala mujer	3
Cieza	2 ½
La losilla	2
Lorqui	3
Murcia (1)	3
Banos	3
Lobosillos	3
Cartagena (2)	3
TOTAL	73

(1) MURCIA, située en plaine, dans une contrée rafraîchie par la rivière de Segura et coupée par plusieurs canaux qui arrosent les campagnes et la ville. Le pays est couvert en grande partie de mûriers, d'orangers de plusieurs espèces et de toute sorte de fruits. La ville possède un beau pont, des promenades fort agréables, une cathédrale, palais de l'évêché et de belles salpêtrières. L'évêché de Murcie est des plus riches d'Espagne ; les revenus en sont considérables. Population : 35,000 ames.

(2) CARTAGENA. Port de mer en forme de fer à cheval, un des plus forts de la Méditerranée, défendu par un écueil couvert et l'îlot de l'Escombrera. Il y a un arsenal, chantier de constructions navales. Ses fabriques de cordages et toiles à voiles travaillent considérablement.

De Madrid a Badajoz et Lisbonne.

	Lieues
De Madrid à Mostoles	3
Naval-Carnero	2
Valmojada	2
Santa-Cruz	3
Maqueda	2
Bravo	3
Sotocochinos	2
Talavera	2
Laguna-del-Conejo	3
Torralba	3
Pajar-del-rio	3
Naval-Moral	3
Almaraz	2
Miravete	2
Jaraicejo (1)	2
Carrascal	2
Trujello (2)	2
Santa-Cruz	3
Miajadas	3
La Guia	3
Merida (San-Pedro)	3
Merida (3)	2
Perales	3
Talavera-la-Real	3
Badajoz (4)	3
Yelves (5) (Portugal)	3
Alcaurizas	4
Estremor	3
Venta-del-Duque	3
Arrayolos	3
Montemor novo	3
Ventas nuevas	4
Fregonis	3
Aldea-Gallega	5
Lisbonne, par le Tage (6)	3
Total	98

(1) JARAICEJO. A une lieue de ce faubourg on dételle les mules ; des bœufs descendent les voitures par un

chemin raboteux, et après avoir passé sur un pont la rivière del Monte, gravissent une montagne qui fait partie de celles dites las Sierras de la Guadelupa.

(2) Trujillo. Cette ville a donné naissance à Pizarre, conquérant du Pérou.

(3) Merida, autrefois *Emerita* des Romains, renferme plusieurs restes d'antiquités, entre autres une colonne surmontée d'une statue équestre assez bien conservée.

(4) Badajoz, capitale de la nouvelle Estradamure. place forte, frontière d'Espagne du côté du Portugal.

(5) Yelves, ville et place forte, sur les frontières du Portugal. On y remarque une citerne qui peut contenir une assez grande quantité d'eau pour approvisionner toute la ville pendant six mois.

Les chevaux se paient en Portugal à 100 reis ou 5 réaux de vellon, et le postillon se paie selon la satisfaction des voyageurs. Les ordonnances sont au surplus les mêmes qu'en Espagne.

(6) Lisbonne, ville capitale du Portugal, population 240,000 habitants; située à l'embouchure du Tage, dans une position fort agréable, elle se dessine en vaste amphithéâtre. Le tremblement de terre de 1755 la détruisit entièrement, et malgré des pertes énormes, Lisbonne s'est relevée plus magnifique de ses ruines; ses rues sont larges, bien divisées et garnies de trottoirs; elle possède des monuments nombreux et remarquables, la bourse, la maison de la compagnie des Indes, la place du commerce, l'hôtel des monnaies, le grand arsenal, l'église patriarchale, la nouvelle église, dont on évalue les frais de construction à 5 millions de cruzades (15 millions de francs). Le fameux aqueduc d'Alcantara, construit en marbre blanc en 1738, a résisté au tremblement de terre; la plus grande arche a 35 mètres de large sur 75 de haut.

Parmi les nombreux établissements de charité, on remarque un hôpital où doivent être reçus tous les malades, quels que soient leur pays et leur croyance.

On voit dans le cabinet d'histoire naturelle, à Ajuda, un morceau de cuivre natif, trouvé au Brésil, du poids de 1,300 kilogrammes. Lisbonne est la patrie du Camoëns, auteur du poème la Lusiade. Six à sept mille maisons de campagne embellissent ses environs.

ROUTE DE BAYONNE A PARIS.

Relais de poste.	Myr. Kil.	Fr. Cent.
Aux cantons	1	9
Saint-Geours	1	3
Saint-Paul-les-Dax	1	6
Pontons	1	2
Tartas	1	1
Campagne	1	4
Mont-de-Marsan	1	3
Caloy	1	»
Roquefort	1	2
Traverses	1	4
Captieux	1	5
Bazas	1	7
Langon	1	5
Cérons	1	2
Castres	1	1
Bouscaut	1	3
Bordeaux*	1	1
Carbon-Blanc	1	1
Bubzac	»	9
Cavignac	1	7
Chiersac	1	3
Lagarde-Montlieu	»	6
Lagraulle	1	4
Regnac	»	7
Barbezieux	»	7
Pétignac	1	3
Roullet	»	8
Angoulême	1	3
Churet	1	1

* Bordeaux, on doit à la sortie, 4 kil. en sus.

Mansle	1	4
Nègres	1	1
Ruffec	»	6
Maisons-Blanches	1	2
Chaunay	»	8
Couhé	1	»
Minières	»	8
Vivonne	»	8
Croutelles	1	2
Poitiers	»	6
Clan	1	2
La Tricherie	»	7
Barres-de-Nintré	»	5
Chatellerault	»	8
Ingrande	»	7
Les Ormes	1	2
Sainte-Maure	1	5
Sorigny	1	6
Montbazon	»	7
Tours *	1	3
Monnoie	1	5
Chateau-Renaud	1	4
Neuve-Saint-Amand	1	2
Vendôme	1	4
Pezou	1	1
Cloye	1	6
Châteaudun	1	1
Bonneval	1	4
La Bourdinière	1	6
Chartres	1	5
Maintenon	1	9
Epernon	»	9
Rambouillet	1	3
Cognères	1	4
Versailles **	1	8
Sèvres	»	6
Paris ***	1	3

* Tours, on doit à la sortie 4 kil. en sus.
** Versailles — — 4
*** Paris, à l'entrée et à la sortie, 8.
Chaque cheval se paie 20 c. par kil. 2 fr. par myr.
Il est d'usage de donner au postillon 20 ou 25 c. par kil., quoique l'administration des postes n'accorde que 10 c.

TABLE.

Avis divers.	3
Ordonnances des postes	ib.
Tarif pour les chevaux de poste	ib.
N° 1. Route de Bayonne à Madrid par Burgos et Aranda.	7
2. La même route par Burgos et Valladolid.	10
3. De Madrid à Saint-Ildefonso	11
4. Id. à Aranjuez.	ib.
5. Id. à l'Escurial.	12
6. Id. au Pardo	ib.
7. De Bayonne à Pampelune	13
8. Id. à Bilbao	ib.
9. Id. à Saint-Sébastien	14
10. Id. à Saragosse.	ib.
11. Id. à la Corogne et au Ferrol.	15
12. De Madrid à Cadix	16
13. Id. à Barcelonne	20
14. De Barcelonne à la Junquera.	21
15. De Madrid à Grenade.	22
16. Id. à Valencia.	ib.
17. Id. à Santiago de Galicia	23
18. Id. à Cartagena.	24
19. Id. à Badajoz et Lisbonne.	25
20. De Bayonne à Paris.	28

FÉLIX LOCQUIN, IMPRIMEUR, 16, RUE N.-D.-DES-VICTOIRES.

Paris. Impr. de Félix Locquin, rue Notre-Dame des Victoires.

www.ingramcontent.com/pod-product-compliance
Lightning Source LLC
Chambersburg PA
CBHW060909050426
42453CB00010B/1615